MINISTÈRE DE L'AGRICULTURE, DU COMMERCE
ET DES TRAVAUX PUBLICS

# CONCOURS

GÉNÉRAL

## D'ANIMAUX DE BOUCHERIE

A POISSY

Le mercredi 12 avril 1865

---

# DISCOURS

DE

# M. LE COMTE DE SAINT-MARSAULT

PRÉFET DE SEINE-ET-OISE

---

MESSIEURS,

Le concours général des animaux de boucherie pour 1865 est venu, comme ceux qui l'ont
précédé, ouvrir à vos études un horizon nou-
veau, et donner à vos efforts un but que plusieurs d'entre vous ont pu atteindre.

Vous regretterez avec moi que des devoirs

impérieux n'aient pas permis à M. le ministre de l'agriculture, du commerce et des travaux publics, de venir, comme il l'avait espéré, présider cette importante solennité. C'eût été pour Son Excellence l'occasion de vous entretenir de vos travaux, de vos progrès, de vos espérances, et de proposer à vos méditations les éléments des questions qui sont l'objet des préoccupations que l'administration de l'agriculture partage avec les agronomes, les éleveurs et les cultivateurs. Sa parole, autorisée à tant de titres, vous eût adressé des enseignements, des vues nouvelles, des conseils qui eussent été entendus, et recueillis par vous et par le pays tout entier. Nul n'eût plus dignement apprécié les progrès dont vous apportez la preuve dans des concours de plus en plus populaires, parce que, de plus en plus, leur utilité apparaît incontestée.

Cette solennité perdra l'éclat que lui promettait la présence de M. le ministre, de l'homme d'Etat éminent à qui ont été remis, par la confiance éclairée de l'Empereur, la direction des précieux intérêts du pays auquel il consacre tout le dévouement d'un caractère sincère, loyal et élevé, toute l'expérience qu'il a puisée dans une vie employée àl 'étude des grandes questions économiques.

Mais, messieurs, si vous regrettez, avec moi, de ne pas entendre la parole éloquente du ministre retenu loin de cette solennité, vous voudrez bien, j'en ai l'espoir, accueillir avec bienveillance les quelques paroles que j'ai mission de vous adresser en vous remettant, au nom de Son Excellence, les légitimes récompenses dues à vos efforts et à vos succès.

Si les encouragements du Gouvernement, si les prix qu'il décerne aux exposants excitent et soutiennent leur zèle, l'appréciation éclairée de leurs travaux, de leurs efforts et de leurs sacrifices est aussi pour eux un sérieux stimulant; c'est certainement, dans un pays comme le nôtre, le plus puissant, le plus noble de tous; c'est celui de la justice rendue au progrès obtenu dans une industrie utile entre toutes, puisqu'elle a pour but d'accroître la richesse de la France, de faciliter à un plus grand nombre l'accès d'une alimentation précieuse dont l'usage n'était, il y a peu de temps encore, réservé dans nos campagnes qu'aux habitants les plus aisés.

Vous trouverez donc tout naturel, messieurs, que notre première pensée comme notre premier devoir soit de vous demander de vous associer à nous pour exprimer les remerciements que nous devons à MM. les membres du jury, pour le dévouement éclairé dont ils ont fait preuve dans la délicate mission qu'ils avaient reçue de la confiance de M. le ministre. Vous voudrez avec nous rendre justice aux lumières, à la haute impartialité, à la profonde expérience qui ont présidé aux opérations du concours.

Vous savez, messieurs, que les diverses branches de l'agronomie sont solidaires les unes des autres, et que les progrès qui en découlent ne se produisent jamais sans être suivis de plusieurs autres. Nous devons donc aussi adresser une large part de nos sentiments de reconnaissance aux honorables lauréats qui nous ont donné les plus parfaites méthodes d'engraissement, en contribuant plus que tous à l'amélioration de nos races bovines et à l'introduction des meilleurs types étrangers.

Permettez-moi, messieurs, de rappeler succinctement à vos souvenirs la création et les débuts du concours de Poissy, qui est aujourd'hui une de nos institutions agricoles les plus importantes, celle qui est choisie par un grand nombre d'éleveurs des départements pour servir de théâtre à vos luttes pacifiques, à ces luttes si intéressantes pour le pays, et qui constatent à peu près à chaque exhibition des progrès féconds, de nouveaux services rendus au développement du bien-être général.

Le premier concours d'animaux de boucherie fondé en France a eu lieu, dans la ville où nous sommes réunis, le 8 février de l'année 1844.

L'institution nouvelle qui amena bientôt, par l'initiative du Gouvernement, la création de nombreux concours régionaux, devait voir tous les efforts se concerter afin d'assurer son succès en lui donnant les plus heureux et les plus rapides développements.

L'accroissement considérable de la population, les modifications profondes des conditions commerciales, l'extension incessamment progressive de l'agriculture, démontrée par une production et une consommation de plus en plus généralisées, puissamment favorisées par l'impulsion ou l'initiative de l'Etat, telles furent, à l'origine comme aujourd'hui, les causes principales dans lesquelles les concours ont trouvé leur raison d'être, en même temps que le principe d'une louable et féconde émulation devant conduire au perfectionnement de nos races domestiques, et contribuer, pour la plus large part, au bien-être commun, à l'amélioration de l'hygiène publique et de l'alimentation humaine. Améliorer l'alimentation, c'est augmenter et accroître la durée de la vie moyenne, c'est faciliter la réalisation du bien-être de tous, qui a pour conséquences principales la sécurité des gouvernements, la grandeur et la prospérité des nations.

Aussi, dès leur premier jour, ces utiles créations firent pressentir d'une manière certaine l'utilité d'une institution qui, à partir de l'année 1850, fut établie sur tout le territoire de l'Empire. Je regrette d'avoir à passer sous silence, malgré l'intérêt qui s'y rattache, les exhibitions locales que de nombreuses associations agricoles organisent à l'instar des concours et avec les ressources dont elles disposent.

Aujourd'hui, les comptes rendus des concours, qui sont comme les annales et les archives de l'agriculture, tiennent à la portée de tous les plus précieux renseignements, ceux-là qui apportent avec eux la preuve immédiate, évidente, le résultat positif, les seuls capables de préserver d'essais aventurés, d'expériences superflues ou de tentatives malheureuses.

Vous savez, messieurs, avec quels soins et quel zèle infatigable l'administration de l'agriculture complète ces collections qu'elle tient au courant de tous les progrès accomplis, de tous les détails pouvant intéresser ce que vous me permettrez d'appeler le mouvement agricole.

La statistique et les relevés officiels démontrent aussi rigoureusement que les considérations générales qui précèdent, l'importance et les avantages de toute nature résultant du concours de Poissy.

Depuis sa fondation, ce concours n'a cessé de progresser, de signaler des améliorations obtenues dans le perfectionnement des formes et dans l'engraissement des animaux présentés à l'examen du jury.

L'exhibition de cette année signale une augmentation dans le nombre des animaux exposés l'année dernière, excepté dans celui des lots de moutons, qui est resté le même.

Pour l'espèce bovine, l'exposition est très-remarquable. Le nombre des jeunes bœufs (36 mois) exposés a atteint le chiffre de 1863, le plus élevé que nous ayons eu depuis l'institution du concours.

Plusieurs prix sont décernés à des animaux

venus d'Algérie qui sont très-remarquables. Enfin, ce qui est encore un progrès précieux, beaucoup d'éleveurs et d'engraisseurs ont pris part à la lutte pour la première fois cette année.

En vous entretenant du concours général de la boucherie et des bienfaits qu'il rend à l'agriculture, vous trouverez tout naturel, messieurs, que je me rappelle les services que rend aussi à cette grande industrie le marché de boucherie qui se tient dans cette ville.

Au moment où la liberté commerciale est appelée à élargir et à féconder toutes nos industries françaises, à leur donner l'éclat, la prospérité qu'elles attendent du génie de la nation, — du génie de la nation inspiré et dirigé par la prudence, la haute sagesse et l'ardent patriotisme d'un grand Prince; — au moment où de louables efforts sont tentés pour restituer aux localités de nos départements la vie et le mouvement qui leur sont propres, pour développer les divers éléments de prospérité qu'elles renferment, pour les appeler à décider plus directement de leurs intérêts, espérons qu'à une époque de progrès aussi féconds, les services rendus à l'alimentation publique et à l'agriculture par le marché de

Poissy affirmeront l'existence de cette institution après en avoir fait la prospérité.

Il importe de laisser à l'agriculture, comme
aux autres industries, la liberté, la possibilité
de choisir les voies commerciales qui lui pa-
raissent les plus avantageuses, à un moment
où la concurrence la plus active s'établit au-
tour d'elle dans les pays étrangers.

Vous connaissez mieux que personne les
facilités de toute espèce et les occasions d'é-
conomie que la ville de Poissy vous permet
de réaliser à cause du nombre considérable
des petites étables qu'elle possède, du prix
modique de la location de ses abris et de ses
prairies parfaitement appropriées.

Les inconvénients dont on faisait un re-
proche au sujet des bestiaux *renvoyés*, lesquels
doivent être conduits péniblement et à grands
frais de Poissy à Sceaux, ont aujourd'hui dis-
paru par l'adjonction d'un abattoir au marché, et par la possibilité d'expédier par les
voies ferrées les animaux abattus.

Pour nous, messieurs, qui devons aux bon-
tés de l'Empereur l'honneur d'administrer un
département presque exclusivement agricole,
et qui consacrons au soin de ses intérêts tout
ce que Dieu peut avoir placé en nous de cœur

et d'intelligence ; pour nous qui connaissons l'esprit d'initiative et de sage progrès qui distingue nos cultivateurs ; qui savons leurs persévérants efforts pour rattacher à leurs exploitations agricoles les diverses industries qui peuvent en assurer la prospérité et leur permettre de soutenir toutes les concurrences ; pour nous qui sommes convaincus que, dans une industrie qui a pour but l'alimentation publique, ce n'est pas tout que de produire, mais qu'il faut encore le faire au meilleur marché possible, en cherchant à diminuer tous les frais qui précèdent la mise en vente, et que ce n'est qu'en agissant ainsi que le producteur peut livrer à des prix réduits les objets de consommation, tout en retirant une suffisante rémunération de ses travaux et de ses capitaux : pour nous, messieurs, nous ne pouvons que désirer la conservation et le développement de la prospérité d'un marché qui est si utile à la plus grande partie de notre département et aux contrées qui l'avoisinent, qui facilite l'accroissement de notre richesse agricole, qui sauvegarde les précieux intérêts auxquels les marchés pour la boucherie sont appelés à donner satisfaction.

Le vœu que nous exprimons hautement, et

avec toute la fermeté d'une conviction réfléchie et consciencieuse, nous voyons, avec bonheur, qu'il est partagé non-seulement par la société d'agriculture de Seine-et-Oise, mais encore par la société centrale d'agriculture ; nous trouvons dans les avis récents exprimés par ces assemblées sur cette importante question, des témoignages compétents et éclairés qui devront protéger notre marché, qui se recommande, plus que tout autre, par des précédents anciens, par les voies ferrées dont il est entouré, par une fréquentation commerciale développée de longue date, et par sa position exceptionnelle entre plusieurs pays producteurs et les grands centres de consommation, qu'il peut approvisionner de bestiaux vivants ou de viandes abattues.

Qu'il me soit permis d'adresser, à cette occasion, à la ville de Poissy et à la municipalité qui l'administre, nos remerciements sincères pour l'hospitalité libérale et sympathique qu'elle accorde à nos solennités agricoles.

Vous le voyez, messieurs, c'est par des faits et par la statistique la plus consciencieuse que l'importance des concours vient de vous être démontrée. C'est qu'en effet les concours généraux sont comme les grandes assises de l'a-

griculture, et son exposition dans tout l'éclat de
ses progrès, dans toute la magnificence de ses
produits et de la richesse qu'elle donne au pays.

Je n'ai pas à craindre de rencontrer de con-
tradicteur en proclamant, au milieu de vous,
ses plus dignes représentants, que l'agriculture peut seule rendre possibles les conquêtes
de la guerre et pourvoir aux travaux de la
paix. Notre glorieux Empereur, qui entoure
les classes laborieuses de sa plus vigilante
protection, je devrais dire de sa plus paternelle
sollicitude, a dit dans un de ses discours, toujours éloquents par la haute raison, par le
patriotisme qui les inspire : « Que les progrès de l'agriculture doivent être un des objets de notre constante sollicitude, car de son
amélioration ou de son déclin datent la prospérité ou la décadence des empires. »

Messieurs, on a répété de tout temps que
l'agriculture est la première, la plus noble
des industries, que c'est elle qui donne aux
Etats leur force et leur richesse; mais ce qu'il
est juste de constater, de nos jours, c'est qu'à
aucune autre époque l'agriculture n'a été
autant honorée et protégée que depuis le réta-
blissement de la dynastie Napoléonienne, à
qui nous devons la restauration de l'ordre,

un prodigieux accroissement de la fortune publique, l'accomplissement d'énormes travaux, la gloire à l'extérieur, et à l'intérieur la sécurité la plus complète.

Ces immenses et féconds résultats, qui ont été poursuivis avec résolution, avec cette résolution qui se puise dans le sentiment élevé des grands intérêts du pays, dans la foi vive de ses glorieuses destinées et de sa mission de civilisation et de progrès, ces féconds résultats ont été largement atteints, et la richesse du pays s'est développée au point d'élever d'une somme de 400 millions le revenu qui est l'expression de cette richesse.

L'industrie agricole justifie par ses travaux, par ses succès, les nombreux encouragements qu'elle reçoit du Gouvernement. Grâce aux hommes d'intelligence et de cœur qui se consacrent à elle, grâce à nos énergiques et honorées populations rurales, qui sont les forces viriles de la nation, l'agriculture nationale produit plus de blé que n'en consomme notre pays. Sans parler de l'Algérie et du chiffre minime de l'importation étrangère, la production moyenne est, en France, de 95 millions d'hectolitres, alors que la consommation moyenne ne varie que de 86 à 92 millions. En 1864, l'exportation du blé s'est élevée à un million 110 mille hectolitres, l'exportation des farines a été de un million 23 mille hectolitres. Après voir emprunté aux sources les plus autorisées les chiffres qui précèdent, j'ai tenu à les énoncer et à les répéter devant vous pour qui ils sont un triomphe, et devant tous pour qui ils doivent être un motif de confiance et de sécurité. Que pourrait craindre un pays dans lequel l'industrie agricole se maintient à l'état de progrès continu, rapportant chaque année, évaluée dans son ensemble, la somme énorme de sept milliards !

Quelques parties de l'Empire souffrent du bas prix des céréales, de la rareté des fourrages ; mais n'oublions pas, messieurs, qu'il ne dépend pas de l'agriculture de pouvoir répondre de sa production, ce qui est le propre des autres industries. Les lois ni les institutions ne sauraient influer sur les éléments, sur le mouvement des saisons, auxquels l'agriculture est inévitablement subordonnée. Nous devons d'ailleurs espérer mieux pour un avenir très-rapproché. Des routes et des voies nouvelles, des canaux, des débouchés ouverts sur des points nombreux du territoire, mettront en communication avec les centres de consomma-

tion les lieux de production. Le travail sera
rémunéré par la valeur des produits, alors
qu'elle cessera d'être trop fortement grevée
peut-être par les frais de transport. Dans ces.
nouvelles conditions, les richesses aujourd'hui
perdues pour le pays prendront rang dans la
circulation générale. Alors, messieurs, l'abondance, dont la loi est de s'accroître avec l'extension et le développement de la prospérité,
ne sera plus exposée à souffrir de l'avilisse-
ment des prix : elle suivra son cours en pro-
duisant tous les effets salutaires et bienfaisants
que l'on est en droit d'en attendre.

Ayons confiance dans la parole impériale,
qui, toujours, a su tenir bien au delà de ses
promesses. Le Souverain, dont le puissant génie suffit à dominer toutes les situations aussi
bien que toutes les éventualités, dans un discours où la profondeur des vues s'est traduite
par la plus haute éloquence, nous invitait « en
fermant le temple de la guerre, à nous livrer
sans inquiétude aux travaux de la paix. »

Je ne saurais mieux faire, en terminant
cette allocution, que reproduire les termes
mêmes par lesquels Sa Majesté a fait connaître
l'ensemble des mesures et des projets dont la
réalisation ne peut manquer d'avoir pour effet

d'améliorer, sous tous les rapports, les conditions actuelles de l'agriculture. Vos légitimes
espérances ne pouvaient recevoir une plus
auguste et plus solennelle confirmation.

« .... L'achèvement rapide de nos chemins
« de fer, de nos canaux, de nos routes, est le
« complément obligé des améliorations com-
« mencées. Nous accomplirons cette année une
« partie de notre tâche, en provoquant les en-
« treprises particulières ou en affectant aux
« travaux publics les ressources de l'Etat, sans
« compromettre la bonne économie de nos fi-
« nances et sans avoir recours au crédit. La
« facilité des communications, à l'intérieur
« comme à l'extérieur, active les échanges,
« stimule l'industrie, et prévient la trop grande
« rareté ou la trop grande abondance des pro-
« duits, dont les effets sont nuisibles tour à
« tour, soit au consommateur, soit au produc-
« teur. Plus notre marine marchande prendra
« d'extension, plus les transports seront faci-
« les, moins on aura à se plaindre de ces brus-
« ques changements dans le prix des denrées
« de première nécessité. C'est ainsi que nous
« pourrons conjurer le malaise partiel qui at-
« teint aujourd'hui l'agriculture.

« *Vive l'Empereur !* »

# LISTE DES PRIX

## PREMIÈRE DIVISION. — ESPÈCE BOVINE.

**1re CLASSE. — Bœufs de 3 ans et au-dessous.**

1er prix, nᵘ 133. M. Armand Daubin, à Magnac-Laval (Haute-Vienne).

2e prix, nᵒ 129. M. le comte de Falloux, au bourg d'Iré (Maine-et Loire).

3e prix, nᵒ 154. M. le comte d'Andigné de Mayneuf, à Chambellay (Maine-et-Loire).

4e prix, nᵒ 136. M. Boutton-Lévêque, aux Ponts-de-Cé (Maine-et-Loire).

5e prix, nᵒ 66. M. Meneguerre, à Meilhan (Lot-et-Garonne).

6e prix, nᵒ 164. M. de Séguineau de Lognac, à Portets (Gironde).

**2e CLASSE. — Bœufs répartis par âge et par races.**

**1re CATÉGORIE. — RACES NORMANDES PURES.**

**1re section. — Bœufs de 4 ans et au-dessous.**

Pas de prix décernés.

2ᵉ section. — *Bœufs de plus de 4 ans.*

1ᵉʳ prix. Non décerné.
2ᵉ prix. Non décerné.
3ᵉ prix. Non décerné.
4ᵉ prix, nᵒ 4. M. le marquis de Verdun, à Aurey (Manche).

2ᵉ CATÉGORIE. — RACES CHAROLAISE ET NIVERNAISE PURES.

1ʳᵉ section. — *Bœufs de 4 ans et au-dessous.*

1ᵉʳ prix, nᵒ 5. M. Bellard, à Saint-Aubin-les-Forges (Nièvre).
2ᵉ prix, nᵒ 6. M. Giraud, à Ygrande (Allier).
Mention très-honorable, nᵒ 8. M. Suif, à Gimouille (Nièvre).

2ᵉ section. — *Bœufs de plus de 4 ans.*

1ᵉʳ prix, nᵒ 15. M. le comte Benoist d'Azy, à Saint-Benin-d'Azy (Nièvre).
2ᵉ prix, nᵒ 14. M. Bellard, déjà nommé.
3ᵉ prix, nᵒ 21. M. Suif, déjà nommé.
4ᵉ prix, nᵒ 19. M. Grillot, à Gray (Haute-Saône).
Mention honorable, nᵒ 16. M. A. Massé, à la Guerche (Cher).

3ᵉ CATÉGORIE. — RACES PARTHENAISE, CHOLETAISE ET NANTAISE PURES.

1ʳᵉ section. — *Bœufs de 4 ans et au-dessous.*

Pas de prix décernés.

2ᵉ section. — *Bœufs de plus de 4 ans.*

1ᵉʳ prix, nᵒ 34. M. François Poiron, à Saint-Hilaire-de-Loulay (Vendée).

2e prix, n° 27. M. Savin, à Napoléon-Vendée
(Vendée).

3e prix, n° 36. M. le vicomte Pelet de Lautrec, à
Port-Saint-Père (Loire-Inférieure).

4e prix, n. 32. M. Chemineau, à Lasalle-de-Vihiers
(Maine-et-Loire).

Mention honorable, n° 33. M. Chemineau, déjà
nommé.

4e CATÉGORIE. — RACE DE SALERS PURE.

1re section. — *Bœufs de 4 ans et au-dessous.*

Pas de prix décernés.

2e section — *Bœufs de plus de 4 ans.*

1er prix, n° 42. M. Manceau, à Saint-Christophe-
du-Bois (Maine-et-Loire).
2e prix, n° 40. M. Jean Griffon, à Roussay (Maine-
et-Loire).
3e prix. Non décerné.
4e prix, n° 41. M. Alexis Griffon, à Saint-André-de-
la-Mouche (Maine-et-Loire).

5e CATÉGORIE. — RACE LIMOUSINE PURE.

1re section. — *Bœufs de 4 ans et au-dessous.*

1er prix, n° 52. M. Montagut, à Marsac (Dordogne).
2e prix, n. 54. M. Bugeaud, à Payzac (Dordogne).

2e section. — *Bœufs de plus de 4 ans.*

1er prix, n° 62. M. Jean Castels, à Hure (Gironde).
2e prix, n° 56. M. Chatemisse, à Vezac (Dordogne).
3e prix, n° 60. M. P. Bentéjac, à la Réole (Gironde).
4e prix, n° 63. M. Desgranges, au Dorat (Haute-
Vienne).

6e CATÉGORIE. — RACE GARONNAISE PURE.

*1re section. — Bœufs de 4 ans et au-dessous.*

1er prix. Non décerné.
2e prix, n° 69. M. Guillaume Artigalas, à Couthures (Lot-et-Garonne).

*2e section. — Bœufs de plus de 4 ans.*

1er prix, n. 77. M. P. Bentéjac, déjà nommé.
2e prix, n. 73. M. Antoine Duzan fils, à Lamothe-Landerron (Gironde).
3e prix, n° 76. M. Chambaudet, à Meilhan (Lot-et-Garonne).
4e prix, n° 72. M. Bernède, à Meilhan (Lot-et-Garonne).

7e CATÉGORIE. — RACE BAZADAISE, PURE.

*1re section. — Bœufs de 4 ans et au-dessous.*

Pas d'animaux présentés.

*2e section. — Bœufs de plus de 4 ans.*

1er prix, n° 78. M. Olivier, à Juzix (Lot-et-Garonne).
2e prix, n° 79. M. Perpezat, à Meilhan (Lot et-Garonne).
3e prix. Non décerné.
4e prix, n° 83. M. Cluzan, à Fontet (Gironde).

8e CATÉGORIE. — RACES FRANÇAISES DIVERSES, PURES.

**1re Sous-Division. — Grandes races.**

*1re section. — Bœufs de 4 ans et au-dessous.*

Pas de prix décernés.

2ᵉ section. — *Bœufs de plus de 4 ans.*

1ᵉʳ prix, nᵒ 92. M. Grillot, déjà nommé.
2ᵉ prix, nᵒ 106. M. Pierre Durand fils, à Sainte-Radegonde (Aveyron.)
3ᵉ prix, nᵒ 102. M. Abel La Prade, à Mazerolles (Vienne).
4ᵉ prix, nᵒ 98. M. Dufour, à Ingrande (Vienne).

### 2ᵉ **Sous-Division. — Petites races.**

1ʳᵉ section. — *Bœufs de 4 ans et au-dessous.*

1ᵉʳ prix, nᵒ 116. M. Foacier de Ruzé et Samson, au Kroub (Algérie).
2ᵉ prix, n. 115. M. Abel La Prade, déjà nommé.

2ᵉ section. — *Bœufs de plus de 4 ans.*

1ᵉʳ prix, nᵒ 122. M. Delozes, à Saint-Gildas (Loire-Inférieure).
2ᵉ prix, nᵒ 124. MM. Foacier de Ruzé et Samson, déjà nommés.
3ᵉ prix, nᵒ 120. M. Corniquel, à Vannes (Morbihan).
4ᵉ prix, nᵒ 123. M. Jean Charpy, à Saint-Marcel (Saône-et-Loire).

9ᵉ CATÉGORIE. — RACE DURHAM, PURE.

1ʳᵉ section. — *Bœufs de 4 ans et au-dessous.*

1ᵉʳ prix, nᵒ 142 M. Salvat, à Nozieux (Loir-et-Cher).
2ᵉ prix, nᵒ 135. M. le marquis de Verdun, déjà nommé.
Prix de la ville de Poissy, nᵒ 141. M. Francisque Balay, à Chalain-le-Comtal (Loire).
3ᵉ prix, nᵒ 138. M. de La Valette, à Villiers Charlemagne (Mayenne).

4ᵉ prix, nº 128. M. de Jousselin, à Saint-Georges-sur-Loire (Maine-et-Loire).

Mention honorable, nº 140. M. le marquis de Montlaur, à Cognat-Lyonne (Allier).

2ᵉ section. — *Bœufs de plus de 4 ans.*

1ᵉʳ prix, nº 146. M. de Séguineau de Lognac, déjà nommé.

2ᵉ prix, nº 144. M. Armand Daubin, déjà nommé.

10ᵉ CATÉGORIE. — RACES ÉTRANGÈRES DIVERSES PURES, AUTRES QUE LA RACE DE DURHAM.

1ʳᵉ section. — *Bœufs de 4 ans et au-dessous.*

1ᵉʳ prix, nº 149. M. de Séguineau de Lognac, déjà nommé.

2ᵉ prix. Non décerné.

3ᵉ prix. Non décerné.

4ᵉ prix, nº 150. MM. Foacier de Ruzé et Samson, déjà nommés.

2ᵉ section. — *Bœufs de plus de 4 ans.*

1ᵉʳ prix. Non décerné.

2ᵉ prix, nº 152. MM. Foacier de Ruzé et Samson, déjà nommés.

11ᵉ CATÉGORIE. — CROISEMENTS DIVERS.

1ʳᵉ section. — *Bœufs de 4 ans et au-dessous.*

1ᵉʳ prix, nº 176. M. Henry Michel, au Vigan (Haute-Vienne).

2ᵉ prix, nº 183. M. Cesbron-Lavau, à Cholet (Maine-et-Loire).

Prix de la ville de Poissy, n. 166. M. le comte de Falloux, déjà nommé.

3' prix, n° 171. M. Bellard, déjà nommé.

4ᵉ prix, n° 165. M. Boutton-Lévêque, déjà nommé.

5ᵉ prix, n° 178. M. Boisteaux, à Gorges (Loire-Inférieure).

6ᵉ p'ix, n° 181 M. Chambaudet, à Meilhan (Lot-et-Garonne).

Mention très-honorable, n° 158. M. Boisteaux, déjà nommé.

Mention très-honorable, n° 160. M. Cesbron-Lavau, déjà nommé.

Mention très-honorable, n° 174. M. le duc de Fitz-James, à la Chapelle-sur-Oudon (Maine-et-Loire).

Mention honorable, n° 157. M. Halna du Frétay, à Montrelais (Loire-Inférieure).

Mention honorable, n° 159. M. Doury, déjà nommé.

Mention honorable, n° 162. M. Bellard, déjà nommé.

Mention honorable, n° 163, M. Bentéjac, déjà nommé.

Mention honorable, n° 168. M. le duc de Fitz-James, déjà nommé.

Mention honorable, n° 180. M. Francisque Balay, déjà nommé.

Mention à tous les animaux de la première section.

2ᵉ section. — *Bœufs de plus de 4 ans.*

1ᵉʳ prix, n° 184. M. Doury, à Saincaise (Nièvre).

2ᵉ prix, n° 290. M. Giraud, déjà nommé.

2ᵉ prix, n° 189. M. Perpezat, déjà nommé.

4ᵉ prix, n° 191. M. Bernède, à Meilhan (Lot-et-Garonne).

5ᵉ prix, n° 190. M. Serre, à Montbrison (Loire).

### 3ᵉ CLASSE. — **Vaches.**

1ʳᵉ CATÉGORIE. — RACES FRANÇAISES PURES.

1ʳᵉ section. — *Génisses de 4 ans et au-dessous.*

1ᵉʳ prix, n° 199. M. Halna du Frétay, déjà nommé.

2ᵉ prix, nᵒ 203. M. Boutton-Lévêque, déjà nommé.

3ᵉ prix, nᵒ 200. MM. Foacier de Ruzé et Samson, déjà nommés.

2ᵉ section. — *Vaches de plus de 4 ans.*

1ᵉʳ prix, nᵒ 206. M. Olivier, déjà nommé.

2ᵉ prix, nᵒ 207. M. Destreux de Saint-Christol, à Saint-Christol (Gard).

3ᵉ prix, nᵒ 209. M. Lacour-Lebaillif, à Saint-Fargeau (Yonne).

4ᵉ prix, nᵒ 205. S. A. Mᵐᵉ la princesse Baciocchi et M. le comte du Pontaviee, à Landéan (Ille-et-Vilaine).

Mention honorable, nᵒ 218. MM. Foacier de Ruzé et Samson, déjà nommés.

2ᵉ CATÉGORIE. — RACES ÉTRANGÈRES ET RACES CROISÉES.

1ʳᵉ section. — *Génisses de 4 ans et au-dessous.*

1ᵉʳ prix, nᵒ 225. M. le comte de Falloux, déjà nommé.

2ᵉ prix, nᵒ 226. M. Boutton-Lévêque, déjà nommé.

3ᵉ prix, nᵒ 224. M. Aubry, à Beuzeville (Seine-Inférieure).

4ᵉ prix, nᵒ 222. M. Doury, déjà nommé.

Mention très-honorable, nᵒ 219. M. Halna du Frélay, déjà nommé.

Mention très-honorable, nᵒ 221. M. Abel La Prade, déjà nommé.

Mention très-honorable, nᵒ 223. M. Aubry, déjà nommé.

2ᵉ section. — *Vaches de plus de quatre ans.*

1ᵉʳ prix, nᵒ 227. M. de Béhague, à Dampierre (Loiret.)

2e prix, no 229. M. le comte d'Andigné de Mayneuf, déjà nommé.

3e prix, no 230. M. Salvat, déjà nommé.

4e prix, no 235. M. le vicomte de Charnacé, à An-
vers-le-Hamon (Sarthe).

5e prix, no 238. M. Bonnemant, à Pluuret (Morbihan).

Mention honorable, no 234. M. Labitte, à Fitz-James
(Oise).

Mention honorable, no 237. M. de Lamothe-Mou-
chet, à Lavilledieu (Tarn-et-Garonne).

## 4e CLASSE. — **Bandes**.

### 1re CATÉGORIE. — BŒUFS.

1er prix, no 254 à 257. M. Giraud, déjà nommé.

2e prix, no 258 à 261. M. Jean Griffon, déjà nommé.

3e prix, no 266 à 269. M. Grégoire, à Almenèches
(Orne).

4e prix, no 291 à 294. M. Foacier de Ruzé et Samson, déjà nommés.

5e prix, no 278 à 281. M. Delozes, déjà nommé.

6e prix, no 295 à 298. M. Pierre Durand fils, à
Sainte-Radegonde (Aveyron).

Mention très-honorable, no 282 à 285. M. Branthome,
à Poitiers (Vienne).

Mention très-honorable, no 241 à 244. M. Mathieu,
à Saint-Parize-le-Châtel (Nièvre).

### 2e CATÉGORIE. — VACHES

1er prix, no 303 à 306. M. Mesnage, à Appeville
(Manche).

2e prix, no 299 à 302. M. Henry Michel, déjà
nommé.

3e prix. Non décerné.

*Prix d'honneur à disputer entre tous les bœufs
primés.*

Une coupe d'argent, à M. Armand Daubin, déjà
nommé, pour le nº 133, qui a obtenu le premier prix
de la 1ʳᵉ classe.

*Prix d'honneur à disputer entre toutes les vaches
primées.*

Une médaille d'or, grand module, à M. de Béhague,
déjà nommé, pour le nº 227, qui a obtenu le premier
prix de la 2ᵉ section de la 2ᵉ catégorie.

## VEAUX.

1ᵉʳ prix, nº 316. M. Belhomme, à Mesnil-Saint-De-
nis (Seine-et-Oise).

2ᵉ prix, nº 307. M. Guy, à Montchauvet (Seine-et-
Oise).

3ᵉ prix, nº 309. M. Boulland, à Longnes (Seine-et-
Oise).

4ᵉ prix, nº 308. M. Mulot, à Aulnay (Seine-et-
Oise).

## DEUXIÈME DIVISION — ESPÈCE OVINE.

### 1ʳᵉ CLASSE. — **Moutons de 18 mois et au-dessous**.

1ᵉʳ prix, nº 342 M. le comte de Bouillé, à Villars
(Nièvre).

2e prix, no 326. M. Fougeron, à Breilly (Somme).

3e prix, no 345. M. le comte de Pourtalès, à Saint-Cyr-sous-Dourdan (Seine-et-Oise).

4e prix, no 341. M. Pargou, à Salival (Meurthe).

5e prix, no 346. M. Doury, déjà nommé.

## 2e CLASSE. — **Moutons répartis d'après leurs races**

1re CATÉGORIE. — RACES MÉRINOS ET MÉTIS-MÉRINOS.

1er prix, non décerné.

2e prix, non décerné.

3e prix, no 323. M. de Bonnival, à Saint-Laurent-de-Blangy (Pas-de-Calais).

2e CATÉGORIE. — GROSSES RACES A LAINE LONGUE.

1er prix, no 332. M. Pargon, déjà nommé.

2e prix, no 331. M Conseil-Lamy, à Oulchy-le-Château (Aisne).

3e prix, no 336. M. Derrey, à Sainneville (Seine-Inférieure).

Mention honorable, no 334. M. Crespel, à Arras (Pas-de-Calais).

3e CATÉGORIE. — PETITES RACES A LAINE COMMUNE

1er prix, no 351. M. Pargon, déjà nommé.

2e prix, no 352. M. de Bonnival, déjà nommé.

3e prix, no 355. M. le comte Pourtalès, déjà nommé.

4e prix, no 348. M. le vicomte Benoist d'Azy, déjà nommé.

5e prix, no 339. M. Lacour Lebailif, déjà nommé.

Mention très-honorable, no 254. MM. Foacier de Ruzé et Samson, déjà nommés.

PRIX D'HONNEUR.

Une coupe d'argent, à M. le comte de Bouillé, déjà nommé, pour le n° 342, qui a obtenu le 1er prix de la 1re classe.

## TROISIÈME DIVISION. — ESPÈCE PORCINE.

**1re CLASSE. — Races françaises pures.**

1er prix, n° 360. M. Maucuit, à Mousseaux (Seine-et-Oise).

2e prix, n° 362. M. Leroy, à Montainville (Seine-et-Oise).

3e prix, n° 368. M. Groux, à Limay (Seine-et-Oise).

Mention honorable, n° 358. M. Lebigre, à Tacoignières (Seine-et-Oise).

**2e CLASSE. — Races étrangères pures ou croisées entre elles.**

1er prix, n° 376. M. Gaudelou, à Longnes (Seine-et-Oise).

2e prix, n° 389. M. Hamot, à Charmont (Seine-et-Oise).

3e prix, n° 377. M. Guillemin, à Garancières (Seine-et-Oise).

4e prix, n° 387. M. le comte de la Tullaye, au Ménil (Mayenne).

5e prix, n° 379. M. Verrier, à Jumeauville (Seine-et-Oise).

6e prix, n° 403. M. le marquis de Verdun, déjà nommé.

7e prix, n° 375. M. Lacour-Lebaillif, déjà nommé.

Mention honorable, n° 391. M. Hamot, déjà nommé.

### 3e CLASSE. — **Animaux provenant de croisements étrangers et français**.

1er prix, n° 423. M. Lacour-Lebaillif, déjà nommé.

2e prix, n° 414. M. Boulland, à Longnes (Seine-et-Oise).

3e prix, n° 416. M. Cheval, à Bazemont (Seine-et-Oise).

4e prix, n° 431. M. Poisson, à Launoy (Cher).

5e prix, n° 415. M. Lebigre, déjà nommé.

Mention honorable, n. 424. M. Fougeron, à Breilly (Somme).

### 4e CLASSE. — **Bandes**.

1er prix, n°s 463 à 469. M. Poisson, déjà nommé.

2e prix, n°s 479 à 483. M. le comte de la Tullaye, déjà nommé.

3e prix, n°s 449 à 452. M. Lacour-Lebaillif, déjà nommé.

4e prix, n°s 489 à 405. M. le marquis de Verdun, déjà nommé.

Mention honorable, n°s 443 à 448. M. le baron Leguay, à Valframbert (Orne).

Mention honorable, n°s 454 à 457. M. Legendre, comte de Montenol, à Barquet (Eure).

Mention honorable, n°s 484 à 487. M. Hamot, déjà nommé.

Mention honorable, n°s 402 et 493 à 496. M. le baron Leguay, déjà nommé.

### PRIX D'HONNEUR.

Une coupe d'argent à M. Lacour-Lebaillif, déjà nommé, pour le nº 423, qui a obtenu le 1er prix de la 3e classe.

Extrait du *Moniteur universel* du 15 avril 1865.

Paris. — Typographie E. PANCKOUCKE et Cᵉ, quai Voltaire, 15.

www.ingramcontent.com/pod-product-compliance
Lightning Source LLC
LaVergne TN
LVHW010454060726
842527LV00005B/1809